我的酷炫创客空间

来编程吧

自己动手编程序、做按键

【美】杰西·阿尔基尔 著

解超 译

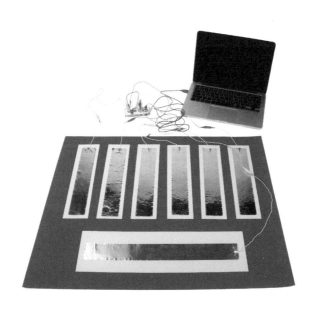

 上海科技教育出版社

给大朋友们的话

对你们来说，这是一次帮助小创客们学习新技能、获得自信心，并且做出酷炫作品的机会。本书中的活动都是为了帮助小创客们在创客空间中完成项目而设计的。有一些活动，孩子可能会需要更多的帮助才能完成，希望你们能够在他们需要的时候给予指导。鼓励他们尽可能地依靠自己的能力完成作品，并且在他们展现出创意的时刻献上掌声。

在开始之前，记得制订取用工具、材料以及清理场地的基本规则。在使用高温工具以及尖锐工具的时候，请确保现场有成年人的监护。

目 录

创客空间是什么　　　　　　　4

在开始之前　　　　　　　　　5

编程是什么　　　　　　　　　6

准备材料　　　　　　　　　　8

技术指南　　　　　　　　　　9

编码手环　　　　　　　　　　10

编程动画角色　　　　　　　　12

编程音乐　　　　　　　　　　16

香蕉按键　　　　　　　　　　20

游戏手柄　　　　　　　　　　22

地板钢琴　　　　　　　　　　26

创客空间的维护　　　　　　　30

创客空间是什么

想象一个充满活力的空间：在你的周围人声鼎沸，了不起的程序员与工匠们正在通力合作，创造着超级酷炫的作品。欢迎来到创客空间！

创客空间是人们聚在一起进行创造的地方，它也是创造能够用计算机编程的作品的完美场所。这里配备了各种各样的材料与工具，但对创客来说，最重要的其实是他们的想象力。创客们梦想着做出全新的编程作品，他们还想办法改进已有的作品。要做到这一点，创客们需要成为富有创造力的问题解决者。

你准备好成为一名创客了吗？

在开始之前

获得准许

在开展任何项目之前，都需要得到在场的成年人的允许，才能使用创客空间中的材料和工具。

制订计划

在动手制作之前，需要通读制作说明，并且准备好需要的所有材料。在制作的过程中也要确保材料和工具摆放整齐。

懂得尊重

在别人需要的时候，分享你的材料和工具。用完某件工具之后，记得放回原位，以方便他人使用。

获取帮助

在使用计算机编程的时候，遇到困难不要着急，向周边的成年人寻求帮助吧。

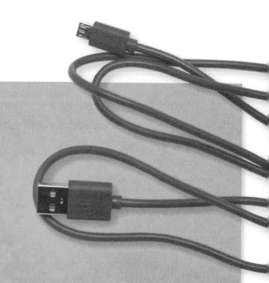

编程是什么

　　编程其实就是编写告诉计算机该如何工作的指令。现今世界上的许多设备，像手机、游戏机、汽车等，都是由计算机控制的。正是编程使得这些设备得以开展工作。这些设备中的计算机获得的指令其实是一种特殊编码的语言。其中的一种叫做二进制编码，它只由许多 1 和 0 构成。其他的编程语言包括 Java、JavaScript、C 以及 Perl 等。所以学习编程有点像学习一种新的语言呢！你可以通过很多编程软件和小制作材料来新编一个计算机程序。

Scratch

Scratch 是一款在线编程软件，有了它，你就可以编写属于自己的音乐、游戏、角色动画等。Scratch 中自带了很多角色，你可以选择不同的积木命令来告诉这些角色要完成的动作。积木命令是 Scratch 的编程语言。这本书中的许多项目都是使用 Scratch 来完成的。你可以在 scratch.mit.edu 网站上找到这款软件。

Makey Makey

Makey Makey 是一款可以让你自制键盘遥控器的电子套件。当你将 Makey Makey 电路板与计算机通过 USB 数据线相连，并且将特定的物体通过导线与 Makey Makey 相连之后，每当你触摸相连的物体，Makey Makey 就会向计算机发送一个特定的按键消息。这个物体变成一个按键了！这本书中的许多项目都要用到 Makey Makey。

准备材料

以下是完成本书中的项目所需要用到的一些材料和工具。如果你的创客空间没有你需要的材料，你也不必担心。优秀的创客本身就是解决问题的高手。你可以寻找其他材料来代替，也可以将项目略加改造来适合你拥有的材料。记住，要勇于创新！

鳄鱼夹

铝箔胶带

串珠

钢丝串珠引线

计算机

双面胶带

Makey Makey
电子套件

记号笔

尖嘴钳

铅笔

彩泥

卡纸

尺

剪刀

技术指南

Scratch 教程

在 Scratch 的网站上有许多针对初学者的学习教程。这些教程不仅展示了 Scratch 是如何运作的，而且说明了程序中各个积木命令的功能。你可以先阅读这些说明来了解基本概念，之后通过 Scratch 教程中的练习来掌握在制作项目的过程中要运用的编程技术。

获得导体材料

连接 Makey Makey 的物体必须是导体才行。只有能够传导或者说运送电子的物体才能称之为导体。适用于 Makey Makey 的导体材料包括橡皮泥、水果、铝箔纸或者铝箔胶带等。其中铝箔胶带可以包裹在任意物体上，使得它们成为导体。

USB 数据线

导线

剥线钳

编码手环

制作一串用二进制编码显示你英文名的手环！

你需要准备

记号笔

白纸

计算机

三种不同颜色的串珠

钢丝串珠引线

剥线钳

尖嘴钳

1. 将你的英文名纵向写在纸上。从网上找一张ASCII二进制码对照表作为参考，把对应的二进制编码写在字母的旁边。

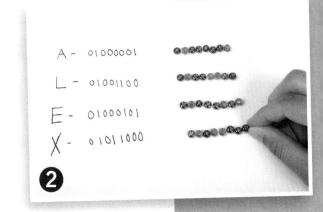

2. 选择两种颜色的串珠分别代表编码0和1，将串珠按照二进制编码的顺序摆放在对应的字母旁边。用第三种颜色的串珠分隔两个不同字母。

3. 剪下一段较长的钢丝串珠引线，使用尖嘴钳在引线的一端弯出一个封闭的圆环。

4. 串入三颗分隔用的串珠。

5. 按照顺序分别串入表示字母编码的串珠，在每个字母之间串入一颗分隔用串珠。

6. 在串完最后一个字母后，再串入分隔用串珠，直到手环达到你需要的长度。

7. 在最后一颗串珠之后1.25cm的位置剪断引线，将这一端同样弯成一个圆环。将它钩住最初的圆环，你的编码手环就大功告成啦！

编程动画角色

通过练习基本的Scratch指令，让
动画角色动起来！

你需要准备

可以上网的计算机

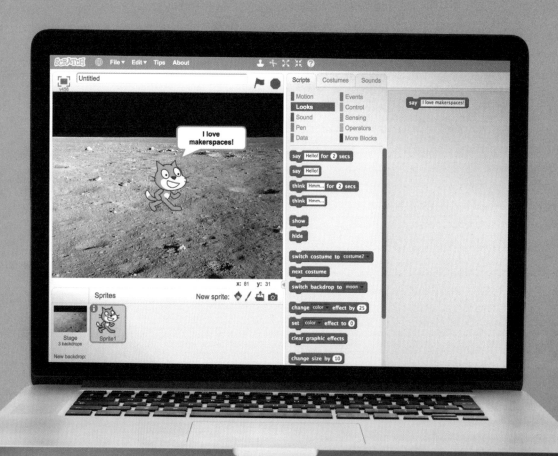

选择角色与背景

1. 登录scratch.mit.edu。

2 点击Scratch主页上的"开始创作"。程序默认将一只小猫作为你的动画角色。你可以点击右下角的"选择一个角色"打开角色库，来选择一个不同的角色。

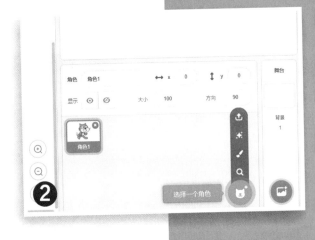

3 单击你喜欢的角色，之后它就会出现在舞台区以及下方的角色区之中。

4. 拖拽舞台区中的角色就可以将它移动到你所希望的位置。单击角色区中角色右上角的叉号就能将它删除。

5. 单击右下角的"选择一个背景"图标，就能打开背景库以选择不同的背景。

6 单击你所喜欢的背景，之后它就会出现在舞台区角色的背后了。

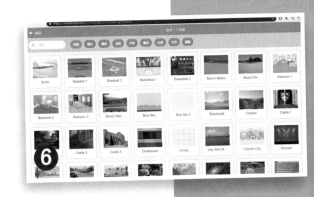

让你的角色说话或思考

1 在角色区中单击角色的图标，在代码面板中单击"外观"标签。

2 拖拽一个"说"或者"思考"积木命令到中间的程序区中。之后单击一下这个积木命令，就会有一个对话或者思考气泡出现在角色的脑袋上方。

3 通过单击积木命令中的方框可输入不同的文字，然后再次单击这个积木命令，就可以改变角色的语言或想法。

4. 在你的场景中添加更多的角色，尝试着让它们说话或思考吧！

小贴士 你只需要将程序区中的积木命令拖拽回代码面板中，就可以把它从程序中删掉。

让你的角色动起来

1. 在你选中角色的情况下，单击代码面板中的"运动"标签。

2. 拖拽一个"右转"积木命令到中间的程序区。单击这个命令就可以让角色向右旋转一个角度。

3. 拖拽一个"移动"积木命令到"右转"命令的下面。这时这两个命令会像磁铁一样吸到一起，这样就组合成一段程序了。尝试添加更多的运动命令吧。

4. 你可以通过修改命令中的数字来改变角色旋转及移动的量值。

5. 单击程序区中的命令可以让角色完成相应的动作。组合在一起的命令会按照顺序连续执行。

6. 在场景中添加更多的角色，尝试着让它们动起来吧！

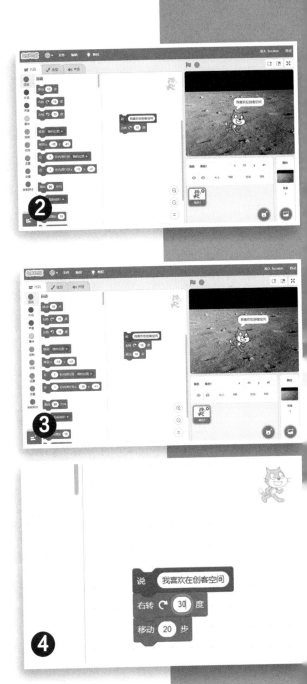

编程音乐

通过Scratch编写属于你的乐曲！

你需要准备

可以上网的计算机

1. 登录scratch.mit.edu。

2. 点击Scratch主页上的"开始创作"。程序默认将一只小猫作为你的动画角色。右击角色区中的角色，单击"删除" 将它删掉。

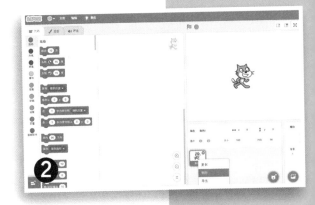

3. 单击右下角的"选择一个角色"打开角色库。

4. 单击搜索栏右方的"音乐"标签，使角色库显示与音乐相关的角色。

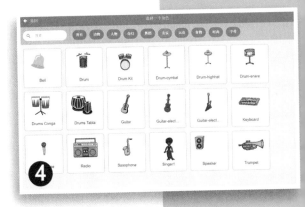

5. 单击你喜欢的角色，这个新角色就会出现在舞台区以及下方的角色区之中。

6. 单击右下角的"选择一个背景"图标就能打开背景库。单击你所需要的背景，它就会出现在角色背后。

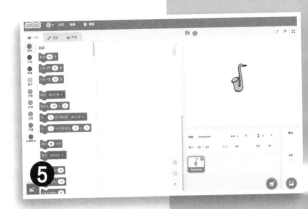

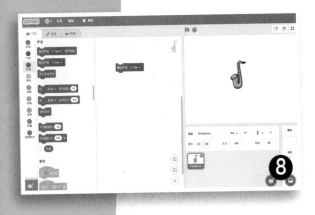

7. 在角色区中单击角色的图标，在代码面板中单击"声音"标签。

⑧ 拖拽一个"播放声音"积木命令到中间的编程区中。

⑨ 单击积木命令中的下拉箭头，从下拉菜单中选择你所需要的音符。

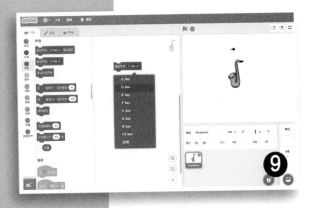

10. 拖拽另一个"播放声音"积木命令到前一个命令的下方。此时这两个命令会像磁铁一样吸到一起，这样就组合成一段程序了。为第二个命令选择一个音符吧！

⑪ 拖拽"将音调音效设为"积木命令到你的程序下方。在该命令的文本框中输入你所需要的音调。

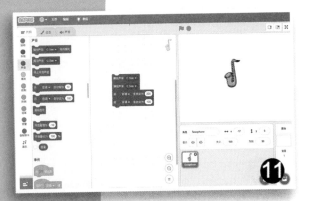

12 单击代码面板中的"控制"标签。

13 拖拽"重复执行（10）次"积木命令到你编写的程序的顶部。命令会自动调整大小以包裹住已有的命令。

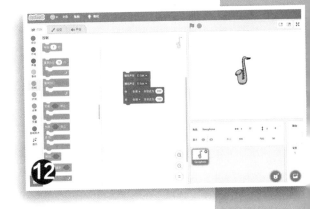

14. 在"重复执行"命令的文本框中输入需要重复执行的次数。

15. 单击编程区中编写好的程序来聆听你的音乐。

16. 在场景中添加更多的角色，并为它们编写程序来演奏音乐吧！

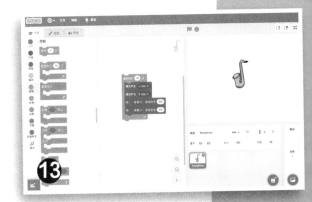

小贴士 你可以编写许多不同类别的 Scratch 程序。通过"教程"菜单，你可以了解更多的代码功能。请大人帮助你创建一个 Scratch 账号，这样你就可以在线分享你的 Scratch 作品了！

香蕉按键

通过电路连接，将香蕉转变成空格键、方向键，甚至是一个鼠标！

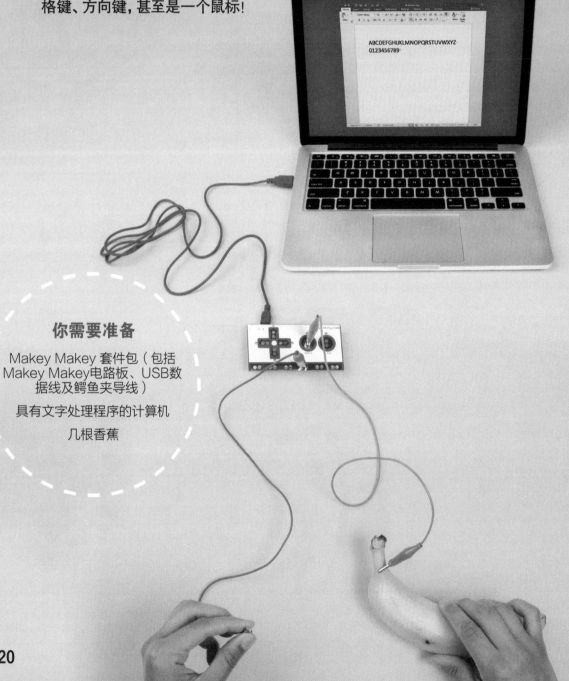

你需要准备

Makey Makey 套件包（包括Makey Makey电路板、USB数据线及鳄鱼夹导线）

具有文字处理程序的计算机

几根香蕉

1 将USB数据线的小接头插入Makey Makey背后的插座，再将USB数据线的另一端插入计算机的USB端口。如果在计算机上有窗口弹出，将它关闭。

2 将一根鳄鱼夹导线的一端夹在Makey Makey底部的EARTH（共地）条上。

3 将另一根鳄鱼夹导线的一端夹在两个SPACE（空格）孔中，另一端夹在香蕉的颈部。

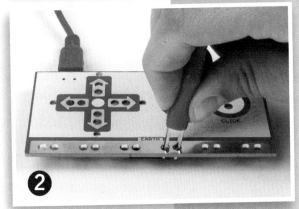

4. 在计算机上的文字处理程序中输入任意两行文字。

5. 用手握紧夹在EARTH（共地）条上的那根鳄鱼夹导线的另一端，注意要握在夹子的金属部分上。

6. 用另一只手碰触香蕉，这样电路就闭合了。看看计算机上的文本，是不是通过香蕉按键插入了一个空格？

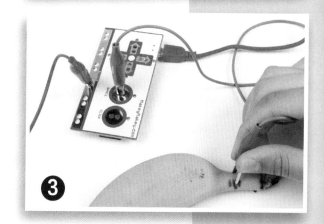

7. 重复步骤3到6，试着换成Makey Makey板上的CLICK（单击）以及方向键功能。

游戏手柄

使用彩泥来制作一个游戏手柄！

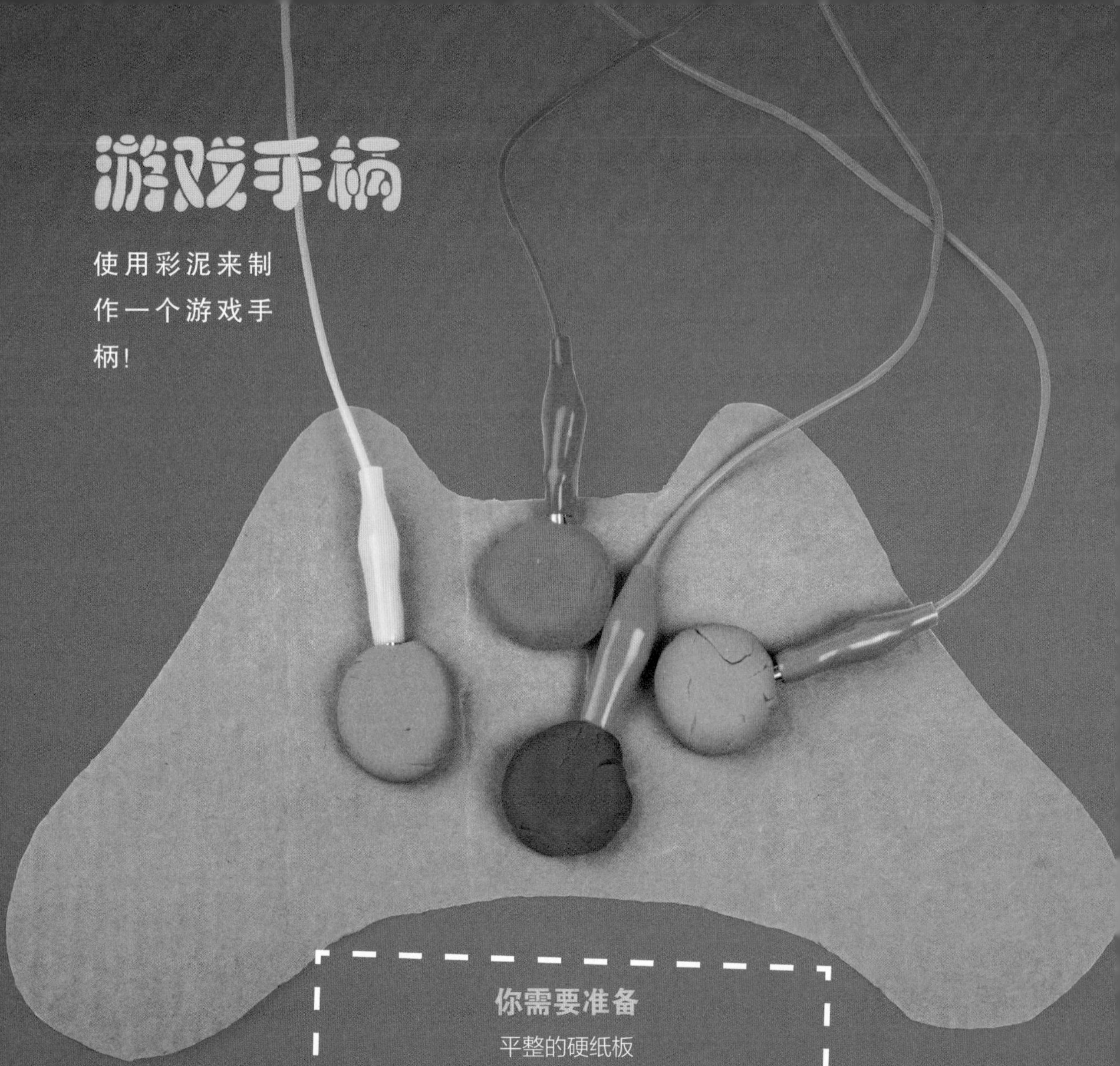

你需要准备

平整的硬纸板

记号笔

剪刀

彩泥

Makey Makey 套件包

（包括 Makey Makey 电路板、USB 数据线及鳄鱼夹导线）

计算机

1 在硬纸板上绘制一个游戏手柄的外形并裁剪下来。注意要沿着轮廓线的内沿剪，这样剪下来的形状上没有记号笔的颜色。

2 将彩泥揉搓成一个小球，轻轻地将它拍扁，做成手柄按键的形状。

3. 重复步骤2,再做3个手柄按键。

4 将彩泥按键以菱形的样式按在硬纸板手柄上。确保按键之间不会互相接触。

 **小贴士**

如果找不到彩泥也没关系，你可以自己制作专属的导电面团。去网上查找制作方法吧！

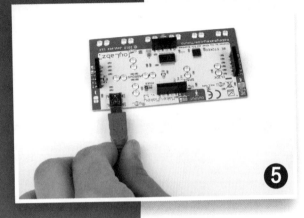

5 将USB数据线的小接头插入Makey Makey背后的插座。

6. 将USB数据线的另一端插入计算机的USB端口。如果在计算机上有窗口弹出，将它关闭。

7 将一根鳄鱼夹导线的一端夹在Makey Makey 向上箭头的两个孔中。

8 将鳄鱼夹导线的另一端插入手柄上对应的彩泥按键里。

9 重复步骤7到8，将Makey Makey 上的其他方向键与对应的彩泥按键相连。

10 将另一根鳄鱼夹导线的一端夹在 Makey Makey 底部的 EARTH（共地）条上。

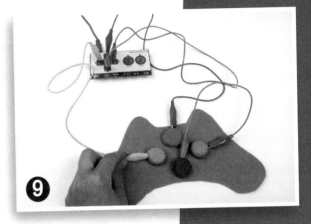

11. 在计算机上启动一个需要使用方向键的游戏。在https://labz.makeymakey.com/d/可以找到这类游戏。

12. 让你的朋友帮你握紧那根连在 EARTH（共地）条上的鳄鱼夹导线的另一端，确保他握在金属部分上。同时让他用另一只手接触你身上裸露的皮肤。

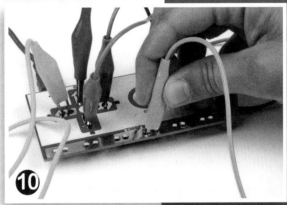

13. 现在你可以使用你的手柄玩游戏了。每当你用手碰触彩泥按键时，电路就会导通，这样游戏中的动作就会被激活。别忘了跟你的朋友互换这两个步骤中的角色，这样你俩都能玩到游戏了。

小贴士 你的游戏手柄一定要用表面没有文字或者图案的硬纸板制作，否则硬纸板本身可能会导电，这将分流电路中的电流，导致按键失效！

地板钢琴

使用Makey Makey制作一个可以
用脚演奏的钢琴!

1. 测量出较大的卡纸的长度与宽度，将这张卡纸作为钢琴底座。

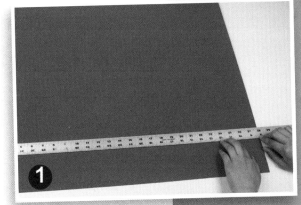

2. 在另一张卡纸上画出 6 个尺寸相同的长方形。长方形的长度是钢琴底座长度的一半，宽度稍大于铝箔胶带的宽度。将它们剪下来作为钢琴的琴键。

3. 在剪出琴键的卡纸上再剪下一个稍大一点的长方形，作为底条。

4. 将琴键竖向粘贴在靠近钢琴底座顶部的区域。琴键之间均匀隔开，保证它们不会相互接触。将底条粘贴在琴键的下方。

5. 裁剪 6 根8cm长的导线，作为琴键的短导线。

6. 将Makey Makey放置在你的钢琴旁边，裁剪一根较长的导线，确保长度足够从Makey Makey连接到底条。

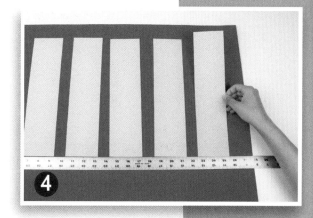

7 将7根导线两端的绝缘皮各剥去1.25cm。

8 在琴键的表面贴上一层铝箔胶带，这样琴键就具有导电性了。如图所示，确保短导线的一端被覆盖于铝箔下。

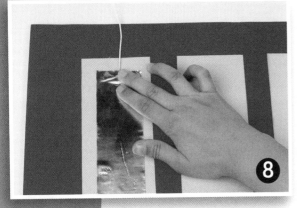

9. 对所有的琴键和短导线重复步骤8。

10. 在底条的表面同样覆盖一层铝箔胶带，确保长导线的一端被覆盖于铝箔下。

11 将USB数据线的小接头插入Makey Makey背后的插座，将数据线的另一端插入计算机的USB端口。

12. 在计算机上登入https://apps.makeymakey.com/piano/，每一个琴键对应了Makey Makey电路板上的一个按键。

13 将一根鳄鱼夹导线的一端夹住第一个琴键上的导线的末端。

14. 将鳄鱼夹导线的另一端与Makey Makey电路板上对应的按键相连。

15. 重复步骤13与14，将其他琴键与电路板相连。

16 将另一根鳄鱼夹导线的一端夹在Makey Makey 底部的 EARTH（共地）条上，另一端夹住底条上的长导线。

17. 现在将你的一只光脚丫踩在底条上，这样电子就可以从琴键通过你的身体流向Makey Makey 电路板了。

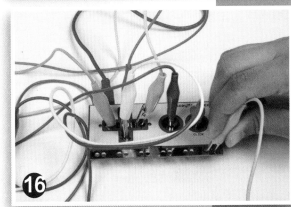

18. 踩在底条上的脚不要动，用你的另一只光脚丫去接触琴键。每一次接触都会导通电路，这时你听到什么了吗？

小贴士 当需要剥线的时候，将剥线钳摆在距离导线末端 1.25cm 的位置，轻轻握住钳子的手柄，然后将导线的绝缘表皮剥离导线。

创客空间的维护

　　要成为一名创客，不仅仅是完成作品而已，还需要在创作的同时与他人交流与合作。最棒的创客能够在创作的过程中不断学习，不断想出下次改进的方法。

收拾干净

　　当你的项目大功告成之后，别忘了整理属于你的工作区。将工具以及用剩下的材料整齐有序地放回原位，方便其他人找到它们。

存放妥当

　　有时候你来不及在一次创客活动期间完成整个项目。没关系，你只需要找到一个安全的地方存放你的作品，直到你有空再来完成它。

做一辈子创客

　　创客项目的可能性是无限的，从你的创客空间的材料中获得灵感，邀请新的创客到你的工作区，看看其他创客在创造什么。

　　永远不要停止创造哦！

图书在版编目（CIP）数据

来编程吧：自己动手编程序、做按键/（美）杰西·阿尔基尔著；解超译. —上海：上海科技教育出版社，2020.6

（我的酷炫创客空间）

书 名 原 文：Code It! Programming and Keyboards You Can Create Yourself

ISBN 978-7-5428-7228-9

Ⅰ.①来…　Ⅱ.①杰…②解…　Ⅲ.①程序设计—青少年读物　Ⅳ.①TP311.1-49

中国版本图书馆 CIP 数据核字（2020）第 048164 号

责任编辑　卢　源
封面设计　符　劼

"我的酷炫创客空间"丛书

来编程吧！

——自己动手编程序、做按键

［美］杰西·阿尔基尔（Jessie Alkire）　著

解　超　译

出版发行　上海科技教育出版社有限公司
　　　　　　（上海市柳州路218 号　邮政编码200235）
网　　址　www.sste.com　www.ewen.co
经　　销　各地新华书店
印　　刷　常熟文化印刷有限公司
开　　本　787 × 1092　1/16
印　　张　2
版　　次　2020 年 6 月第 1 版
印　　次　2020 年 6 月第 1 次印刷
书　　号　ISBN 978-7-5428-7228-9/G·4223
图　　字　09-2019-771 号